# MÉMOI

## IOYENS

## N CULTURE

rides & ftériles de la
ployant quelqu'efpcc
, Arbres, Arbriffeaux
: au fol des différentes
nce.

Ouvrage qui a remporté le Prix de l'Académie
de Châlons en 1790;

Par M. Boncerf, Membre de la Société Royale d'Agriculture, & Adminiftrateur de la Municipalité de Paris,
au département des Travaux publics.

### A PARIS,

De l'Imprimerie d'A.-J. Gorsas, Auteur du Courrier
de Paris dans les 83 départemens, rue Tiquetonne, N°. 7.

# MÉMOIRE

## SUR LES MOYENS

## DE METTRE EN CULTURE

*LES terres incultes, arides & stériles de la Champagne, en y employant quelqu'espece que ce soit de Végétaux, Arbres, Arbrisseaux ou Arbustes, analogues au sol des différentes contrées de cette Province.*

Ouvrage qui a remporté le Prix de l'Académie de Châlons en 1790 ;

Par M. Boncerf, Membre de la Société Royale d'Agriculture, & Administrateur de la Municipalité de Paris, au département des Travaux publics.

À PARIS,

De l'imprimerie d'A.-J. Gorsas, Auteur du Courrier de Paris dans les 83 départemens, rue Tiquetonne, N°. 7.

# AVERTISSEMENT.

Il n'y a de mauvaises terres que pour les ignorans & les paresseux, a dit M. Chalumeau, dans son livre utile, intitulé: Ma Chaumiere, qui se trouve chez Belin, rue St-Jacques. Je l'avois démontré dans l'écrit suivant, que je me suis décidé à faire imprimer, malgré ses imperfections.

Mon but sera mon excuse; il falloit présenter des objets de travaux utiles pour occuper les ouvriers sans ouvrage; j'avois indiqué les desséchemens, les défrichemens & les plantations, persuadé que c'étoit ce qu'il y avoit de plus utile & de plus puissant; j'ai été obligé de produire cette idée vingt fois au public & à l'Assemblée Nationale, persuadé qu'il faut redire les choses utiles tant qu'elles restent à faire; mais on auroit pu croire, par toutes ces redites, que je n'avois qu'une pensée ou que nous n'avions qu'une ressource; on verra par l'écrit suivant, fait il y a deux ans, que nous avons des ressources de plusieurs genres, & que j'ai cherché à les faire connoître à chaque pays qui les possede. L'Assemblée Nationale a décrété des secours considérables pour les travaux à offrir aux ouvriers; les Départemens sont maîtres de disposer chacun de 80 mille liv., & le surplus sera appliqué sur d'autres travaux qu'ils indiqueront sur les ordres du ministre des Finances. Il est donc nécessaire de leur rappeller qu'ils ont des marais à dessécher, des landes à cultiver, des forêts à replanter, des tourbieres à exploiter, des travaux à fournir même aux aveugles & aux soldats oisifs, enfin à tous les bras forts ou foibles qui sollicitent de l'ouvrage & qui sont les 1ers créanciers de la Nation. Elle a une quantité inombrable ble de terrein à donner; elle ne peut trop se hâter d'en disposer, parce que c'est un moyen certain de détruire la mendicité, d'occuper ses ouvriers, de restaurer les manufactures & le commerce, & d'arrêter les émigrations. Il est constaté, par les essais faits en 1790, que les landes du Médoc sont de la plus grande fécondité; que les moulins à bras de M. Durand peuvent remplacer ceux qui causent des inondations funestes; que la tourbe tiendra lieu du bois dans les salines, dans les fours à chaux & dans beaucoup d'usines; qu'elle se trouve dans presque toutes nos provinces; que la Champagne elle seule présente huit cent mille arpens de terre qui peuvent être mis en valeur; c'est l'objet de ce mémoire. Jouissons de nos trésors, & ne repoussons pas la main qui les indique, fut-ce celle qui a écrit la premiere l'abolition du régime féodal.

# MÉMOIRE

*Sur les moyens de mettre en culture les terres incultes, arides*
*& stériles de la Champagne, en y employant quelqu'espece qua*
*ce soit de Végétaux, Arbres, Arbrisseaux ou Arbustes, ana-*
*logues au sol & aux différentes contrées de cette Province.*

L'INFLUENCE des bois sur le climat, sur la fécondité d'un pays, & le bonheur de ses habitans est si grande, qu'on ne peut rien proposer
de plus utile pour une province qui en manque,
que de trouver les moyens d'y en faire croître.
Ce seroit ici le lieu de décrire les inestimables
avantages du bois, ses services dans les besoins
publics & privés, ses secours & sa puissance dans
les arts, sur-tout dans celui qui les réunit tous,
la navigation, qui ne peut exister sans le bois. Mais
nous parlons à des sages, convaincus qui ont assez
loué les avantages de cette grande classe de végétaux,
en demandant qu'on indique les moyens d'en faire
jouir les contrées qui en sont dépourvues, &
qui ne sont désertes que parce qu'elles en man-
quent.

Non seulement les grands végétaux méritent
des soins distingués, & notre culture, à cause des
jouissances qu'ils nous procurent, mais aussi les
arbustes, & arbrisseaux ont leur utilité ; ils peuvent s'accommoder d'un sol moins riche en principes & en moyens de végétation, d'ailleurs tous les

A 2

végétaux s'alimentent en quelque forte réciproquement, en contribuant tous par leur tranfpiration à enrichir l'atmofphère des principes nutritifs, & par leurs débris à augmenter la couche de terre végétale. Ainfi la fécondité nait de la fécondation ; & plus un pays a été ou eft cultivé & peuplé de végétaux de toute efpece, plus il eft fufceptible de culture & de production. Il eft donc important de commencer à féconder un pays ftérile, foit par le choix des moyens, foit par celui des efpeces qui pourront s'y établir. Nous allons offrir nos réflexions fur cette importante queftion, non pas comme une folution abfolue, mais feulement comme un des moyens de la donner, & qui s'allie à tous les autres.

Un pays totalement découvert, eft en proie à tous les vents, il n'eft défendu du froid rigoureux par aucun abri ; les hâles dévorans le defféchent, les vents en enlevent jufqu'à la moindre humidité ; les végétaux privés de fraîcheur périffent bientôt, il ne refte même pas l'efpérance d'en voir renaître par les graines ou les racines ; car le fol devient de plus en plus aride, il perd de plus en plus en plus ce qu'il avoit de liant & de moelleux, l'action du foleil divife & détériore continuellement un fol qui n'eft plus réparé par les débris des végétaux ; l'air y devient plus rare, il ne conferve aucune affinité avec les nuages qui répandent les pluies fécondantes ; ils paffent donc, & vont les verfer fur des cantons couverts de bois, de végétaux, de rivieres & d'étangs qui les attirent. Ainfi les vaftes déferts femblent être deftinés à l'être toujours, & à devenir toujours plus arides; il n'y a plus de communication entre le ciel & cette terre ftérile; il lui refufe fes influences, fes pluies, fes rofées, & lui prodigue fes rigueurs, fes froids & fes feux. Des plantations foibles & folitaires ne fuffifent pas pour rétablir le commerce entre le ciel & un fol dépouillé de fon action électrique, elles mourront comme les dernieres qui les précéderent autrefois; le cultivateur découragé fuira ces plaines à qui le ciel refufe fes fecours, & l'homme ne tentera plus de les orner de fa préfence, & de les embellir de fes travaux; il les fuira, & avec lui tous les animaux qui vivent des productions qu'il fait naître, ou des végétaux agreftes.

Mais exifte-t-il des moyens de réparer un pays, un climat, des contrées ainfi frappées de ftérilité ?

Cette queftion répond à la premiere partie de la propofition, car il feroit inutile de s'occuper de la feconde, fi l'on ne rendoit d'abord un dégré quelconque de fertilité à des contrées ftériles, & fi les moyens choifis ne devoient progreffivement l'augmenter par la fucceffion des tems.

Le caractere de ftérilité des vaftes contrées de la Champagne eft l'aridité, c'eft ce vice qu'il faudroit corriger; il eft non feulement l'effet de la nature du fol, mais encore de la rareté & du peu d'abondance ( j'aurois dit la *paucité* ), des pluies, parce que les nuages paffent rapidement fans s'ouvrir audeffus d'un fol avec lequel ils n'ont aucune affinité, & où il n'y a plus de conducteurs électriques, pour déterminer la commotion

des nuées, & leur ouverture. Il faut donc rétablir le commerce entre le ciel & cette terre sté-
rile, c'est la premiere condition de sa fécondation; car, ne nous abusons pas , toute culture
isolée ne peut produire cet effet, des plans ché-
tifs & foibles, des semences, encore moins, ne le
peuvent; il seroit inutile de les tenter : après avoir
perdu ses avances, on fortifieroit le préjugé contre
ces terreins, & ce seroit éterniser le malheur de
leur nullité.

C'est donc en grand, & en très-grand que les
opérations doivent se faire.

La premiere est de former des retenues d'eau
dans toutes les vallées , même celles qui sont peu
marquées, qui sont susceptibles de les retenir;
c'est à dire par tout où le bas-fond n'est pas
méable, ce qui arrive toutes les fois que les cou-
ches inférieures sont bien cohérentes; elles sont
aisées à reconnoître, parce que les pluies d'hyver,
& les neiges fondues y forment de petits ruisseaux passagers. Dans les lieux où les eaux sont
assez abondantes, le sol assez tenace , on aura
des étangs de plus ou moins d'étendue, de plus
ou moins de durée, relative au plus ou moins
de profondeur , & à la surface des terres qui y
verrent leurs eaux ; s'ils peuvent être perennes,
comme dans les lieux & vallées où les ruisseaux
ont un cours perpétuel , le terrein sera bientôt
régénéré , même à une distance considérable,
proportionnée à l'étendue de l'atmosphere que
l'évaporation pourra humecter, à celle que le
plus ou moins de différence du niveau permettra d'humecter par infiltration. Ceux de ces étangs ,

celles de ces retenues qui ne pourront pas tenir conſtamment des eaux, ſoit par défaut d'abondance, ſoit par l'étendue de leur ſurface diſproportionnée avec la profondeur des eaux, les contiendront encore quelques tems, ne fût-ce que quelques jours; peut-être ſera-ce huit, quinze jours ou un mois. Ce ſéjour, quel qu'il ſoit, équivaudra à la pluie la plus abondante d'une pareille & plus longue durée. Dès lors tous ces cantons & leur voiſinage auront acquis la faculté de porter des bois analogues au plus ou moins d'eau, & à la durée de ſon ſéjour, & les pluies du ciel y deviendront plus fréquentes & abondantes en proportion de l'étendue, de l'abondance & de la durée des eaux qui rétabliront l'affinité entre le ſol & les nuages.

Cette première opération ne peut être trop multipliée, ſi une vallée ſe prolonge, il faudra y faire autant d'étangs & de retenue d'eau que la pente & la longueur le permettront. Ces premiers travaux donneront à l'air & au ſol le premier fonds de fraicheur & d'humidité, ſans lequel on ne peut eſpérer nulle végétation.

Lorſque l'on aura rencontré des lieux qui conſervent bien les eaux, & où il s'en rend en quantité, on élévera les chauſſées, on les conſtruira avec plus de ſoin pour les retenir en abondance, autant qu'elles ne s'étendront pas ſur des terreins en valeur. Ces grands étangs ſuppléeront à ceux qui auront moins de ſuccès, ou n'en auront qu'un momentanné. Il eſt preſqu'inutile d'obſerver qu'il n'y a nul danger à courir du ſejour & de la ſtagnation de ces eaux, ſur le fonds de ces nouveaux étangs, puisqu'il n'y a, & ne peut y avoir de long-tems de vase ni de matieres animales & végétales en corruption, qui font les feules caufes de méphitifme. Du refte, rien n'empêchera de les alviner & d'en tirer un bon produit.

On vient de voir que le but qu'on doit fe propofer dans ces travaux, eft de changer le climat, de remettre la terre en commerce avec le ciel, de mettre en action les météores & de les multiplier, d'établir une affinité & des conducteurs des pluies fur ces contrées; dès lors on fent que ce n'eft qu'en grandes parties que les entreprifes doivent fe faire; en conféquence on concevra les motifs de la feconde opération que je vais indiquer; elle n'eft qu'une continuation, un développement de la premiere.

Pour difpofer les femis & plantations dont nous avons à parler, il faut embraffer un vafte terrein, une contrée entiere. Cette propofition ne doit point effrayer; elle ne fera pas très couteufe. Je vais m'expliquer.

Nous venons d'indiquer les caufes de la ftérilité & le premier moyen de la faire ceffer, en changeant l'état de l'atmofphere; celui-ci ajoutera au premier. Nous avons indiqué l'eau comme premier moyen de végétation; nous allons nous en emparer encore fous une autre forme & par d'autres travaux.

Suppofez un terrein de telle étendue en longueur & largeur qu'il vous plaira, régulier ou irrégulier, de vingt mille arpens, par exemple. Pour la commodité des calculs, nous le fuppoferons carré, & pour ne point effrayer par la dépense, nous ne lui donnerons que dix mille arpens.

Les côtés de ce carré auront mille perches; il fera entouré d'un foffé de neuf pieds de large, dont les terres feront jettées en dedans, en réfervant un prelet ou berge de quatre pieds, pour que les terres ne puiffent s'ébouler & recombler le foffé. Il eft effentiel de difpofer ces carrés de maniere que la diagonale foit directement au nord & au midi, parce que tous les carrés de la divifion auront la même direction, & cette direction eft la plus propre à divifer les vents, à diminuer l'action du froid & du hâle, à ménager plus d'ombre à l'eau qu'on pourra réferver & retenir dans les foffés, à préfenter plus de furface aux vents humides, & à ménager au plant qui fera placé fur le bord des foffés, tous les afpects favorables.

Ce grand carré fera donc divifé par des foffés paralleles & perpendiculaires à ceux des côtés, dans l'exemple donné. Suppofons neuf foffés dans chaque fens, fe coupant perpendiculairement, on aura 18 mille perches de foffés & cent carrés qui contiendront chacun cent arpens. Ces foffés n'auront que fix pieds de large, trois de profondeur, & les terres feront jettées des deux côtés. Chaque fois qu'on aura deux pieds de pente, on laiffera un batardeau, tant dans ces foffés que dans ceux de ceinture.

On voit facilement que ces travaux ont pour objet, 1°. la confervation des eaux, qui feront par-tout retenues & confervées, autant que le terrein en eſt capable. Toutes celles de l'hyver, ſoit de pluies, ſoit de neige, ſe conſerveront, tant dans les foſſés que dans les carrés. 2°. De remuer les terres, pour les préparer à recevoir les plans & ſemences qu'on leur confiera.

Si le continent ainſi diviſé contient des étangs de l'eſpece dont nous recommandons la conſtruction, rien n'empêchera d'obſerver la direction indiquée, ſauf l'interruption des lignes, qui ſe continueront au-delà des étangs.

Plus le continent établi aura d'étendue, plus il réſervera d'eau, plus il aura de force attractive, plus les conducteurs ſeront puiſſans pour faire tomber les pluies.

Si on le veut, & s'il eſt néceſſaire, on repartagera chacun des carrés en quatre, neuf, douze ou ſeize.

Ici commence la queſtion des eſpeces d'arbres, arbuſtes & arbriſſeaux qu'il convient de confier à ces terres, & par conſéquent la ſeconde partie de la popoſition ; mais l'examen & la diſcuſſion vont ſe confondre avec la ſuite du développement de la premiere.

Nous penſons d'abord, qu'il ſeroit auſſi imprudent qu'inexact de prononcer ſur un choix déterminé, 1°. à cauſe de la variété du ſol ; 2°. du plus ou moins d'humidité qu'on pourra retenir, & du plus ou moins de tems qu'elle ſéjournera ; ce qui forme à l'inſtant un grand nombre de combinaiſons qui préſentent des propriétés différentes. Ajoutons encore qu'il y auroit de l'indiſcrétion à prononcer que tels arbres ou arbuſtes doivent être adoptés excluſivement à beaucoup d'autres ; nous eſtimons, au contraire, qu'il faut tout admettre ; mais voici ce que nous pratiquerions.

Nous ne ſemerions & planterions d'abord que ſur les terres ſorties des foſſés ; & comme les bois de la grande eſpece ne réuſſiſſent jamais auſſi bien que quand ils ſont abrités par des arbuſtes, qu'ils ſurmontent & étouffent enſuite, nous ſemerions les graines d'épines, de landes, de bruyeres, genet, génevriers ; on y mettroit même des boutures de ronces ; dans des endroits frais, des boutures de ſaules, marſaux, oſier ; la viorne, le houx, le buis, le génevrier, le ſureau, ſeroient auſſi admis ; la ronce couvrira le ſol & maintiendra la fraîcheur ; le houx, le buis, le génievre, qui ne quittent point leurs feuilles, conſervent auſſi l'humidité ; le ſureau, qui abonde en feuilles, produira le même effet, quoiqu'il ne les conſerve pas ; mais ſes feuilles tombées ſur la terre, la couvriront, la garantiront du hâle, & y formeront une terre végétale (*V. les notes à la fin.*) ; la bruyere, le genet, la fougere, ne doivent pas non plus être rejettés ; le bouleau, ſi robuſte & ſi peu difficile ſur le ſol, puiſqu'il réuſſit dans les plus arides, doit être ſemé en abondance ; mais le choix le plus ſûr eſt celui des arbres & arbuſtes qui croiſſent dans les lieux les plus voiſins & ſur le ſol qui a le plus de rapport avec celui qu'il s'agit de peupler. Je n'entends pas cependant exclure ceux qui ne s'y trouvent pas ; car il y en a de ceux-ci qui réuſſiront très bien dans les terreins ſabloneux, tel que le pin des Dunes, qui réuſſit dans le ſable le plus aride, ſi le bas fonds conſerve

quelque humidité. Or, nous venons de dire que
c'eſt la premiere de nos opérations, que de nous
emparer de toute la quantité que nous pourrons :
ſi elle nous a réuſſi, tous les plans ſeront bons.

Or elle réuſſira, parce que le bas fonds contient les eaux & les force à s'échapper en ſources ; témoins toutes celles qui ſortent des pentes
des terreins qui ſont l'objet de cet écrit. La nature du ſol eſt alors à-peu-près indifférente, ſi
nous avons de l'humidité, puiſqu'avec de l'humidité on ſait croître les plantes que l'on veut,
*dans le verre pilé*. L'aridité des ſables & de la
craie de la Champagne-Pouilleuſe, ne doit donc
pas effrayer ?

Après ces principes généraux & cette indication des procédés & de quelques eſpeces, on
ſe croit diſpenſé de donner les noms & les phra-
ſes botaniques. Il ne s'agit pas ici d'enſeignemens,
mais d'une ſimple indication : or ce qu'on indique eſt connu ; il convient d'en faire l'application
au ſol & à une grande contrée de la Champagne. Nous prendrons d'abord à cet effet la Champagne-Pouilleuſe. Cette contrée eſt un plateau
d'environ onze lieues de long de l'eſt à l'oueſt,
& de ſept à huit lieues de large du nord au ſud.
Il s'abaiſſe vers les extrêmités, & fournit, à l'o-
rient quelques ruiſſeaux qui ſe jettent dans l'Iſ-
ſon ; au nord il en ſort deux petites rivieres, la
Coſſe & la Somme-Soude, qui a ſes ſources à
Soudé-Ste-Croix & à ſomme-Sous ; au midi,
ſont les ſources de Somepuis, de Poivre, de
Somſois, de Villiers, qui fourniſſent les petites
rivieres de l'Herbis, de l'Huiſtré & deux autres ;

enfin, à l'ouest, le ruisseau qui passe à la Fere, & ceux qui prennent leur source au-dessus de Semoines & Salon, & qui, réunis, forment la petite riviere d'Auge. Il résulte de l'existence de ces ruisseaux & rivieres, & de leur direction, que ce plateau est plus élevé que tout ce qui l'entoure; qu'il se termine par quatre pentes marquées & opposées. L'issue des eaux en sources, & leur cours en rivieres & ruisseaux, prouvent que le bas fonds est inperméable & capable de contenir les eaux. Plusieurs étangs, placés sur les différentes pentes, prouvent que la propriété qu'a le terrein de contenir les eaux, n'est pas loin de la surface, & dès lors la possibilité d'en établir un grand nombre. Il est inutile d'indiquer toutes les petites vallées qui peuvent être traversées par une digue à cet effet; il n'y en a peut-être pas une qui ne puisse être convertie en un grand nombre d'étangs; mais il faut subordonner ce travail aux habitations & aux cultures existantes, & ne l'appliquer qu'aux endroits où une pente modérée permettra de retenir beaucoup d'eau, du moins une grande surface avec une digue plus élevée. Je ne dois pas omettre, que les valles marais de St-Gont font une autre grande preuve de la capacité du sol à tenir les eaux.

Puisque nous pouvons espérer d'avoir l'eau & avec elle la végétation, revenons aux moyens de la recueillir, diviser, contenir & rendre utile, & de n'en perdre point, s'il est possible; car c'est de là que dépendra le succès de toute plantation; c'est par elle que nous établirons les conducteurs qui évoqueront & feront descendre celle des ma-

ges. Ouvrons donc ces foffés qui doivent la recueillir ; donnons-leur la profondeur néceffaire
pour arriver fur la couche non méable, fi nous
la trouvons près de la furface ; n'héfitons cependant
pas à l'ouvrir, parce que qu'elle foit craie, marne,
glaife, ou d'autre nature, le produit en fera pré-
cieux ; mêlé avec le fable de la furface, il fera
très propre à porter du bois de toutes les efpeces. Obfervons la direction indiquée de la diagonale au nord, des batardeaux, toutes les fois qu'il
y aura deux ou trois pieds de pente, de jetter
les terres dans le fens où elles s'oppoferont à l'é-
coulement des eaux, puifqu'il s'agit de les faire
féjourner & d'arrêter leur cours. Lorfque ces
conditions feront remplies, toute efpece de bois
réuffira ; la craie, divifée par l'effet des pluies,
des gelées, du foleil, la marne ou la glaife mêlée
avec le fable, deviendront des engrais qui feront
réuffir toutes les femences & tous les plants ; mais
ici le propriétaire ou l'entrepreneur jugera des
convenances par les circonftances de la nature
des fouilles, de l'abondance ou de la pénurie de
l'eau.

Il feroit à fouhaiter que cette opération pût
être faite en grand, fans doute ; mais quiconque fera
à même de faire une retenue d'eau, pourra opérer
feul, fans s'inquiéter de l'indifférence de fes voifins ; car s'il a l'eau, il a tout ce qu'il peut defi-
rer ; fon terrein mouillé, fes eaux divifées & dif-
tribuées dans fes foffés qu'il multipliera le plus
qu'il pourra, féconderont le fol, qui produira
toutes les efpeces d'arbres & d'arbuftes dont il
lui confiera les plantes ou les femences.

Cette opération s'adaptera à tous les terreins qui en ont befoin & qui en font fufceptibles. Les carrés, je veux dire les efpaces contenus entre les foffés, feront traités fuivant les convenances indiquées par les fuccès qu'on aura obtenus, & la réuffite des efpeces. On verra alors fi on doit les défoncer, ou feulement les femer en une ou plufieurs efpeces de plantes, arbres ou arbuftes.

Quant aux terreins arides où l'on ne pourra faire des retenues d'eau, foit parce que le fonds eft méable, foit parceque la pente eft trop rapide, il ne faut pas renoncer à les peupler; car fi le fol eft méable, les racines y trouveront paffage, & fitôt que, en terme de forêt, il fera venu au point de fe *fouiller*, les différentes efpeces de bois réfineux y réuffiront, même le chêne, l'orme, le ficomore, le châtaignier, le hêtre, &c. Il en eft à-peu-près de même des lieux montueux. La plus légere préparation, dans l'un & l'autre de ces terreins, fuffira ; mais depuis la ronce jufqu'au gland, ne rejetter aucune graine; il faut même en être un peu prodigue ; je dis les graines, car il faut, pour le cas qui nous occupe, économifer les frais du plant. Par-tout où le fable a de la profondeur, quelque aride qu'il paroiffe, le pin des Dunes réuffira. Le Maine, l'Anjou, les dunes de la Saintonge à l'oueft de Royan, les landes de Bordeaux à Bayonne en dépofent; car par-tout où l'on a mis de cette graine, elle a réuffi. Mais je fuppofe, en confeillant ces femis, que l'on rafraichiffe l'atmofphere dans les cantons voifins, en multipliant les retenues d'eau.

Je ne m'étendrai pas fur cet article ; tout eft

bon, puisqu'il ne s'agit, dans la première époque, que de couvrir, ombrager, & rafraîchir le terrain, que le houx, l'épine, le génievre, le marseaux, &c., y réussiront mieux qu'aucun autre bois, & que c'est un moyen d'abriter les jeunes brins des grandes especes.

Je reviens donc aux entreprises d'une grande étendue & à nos carrés orientés, une diagonale au nord & l'autre au levant. Les fouilles fourniront de la craie, du sable ou autre nature de fossile, cela est presque indifférent, puisqu'il ne s'agit que d'avoir une matrice pour déposer nos semences.

Il conviendroit de commencer ces travaux au printems : les matieres fouillées recevront les impressions du soleil, du hâle, des vents, des pluies, s'asseoiront & prendront de la consistance, de maniere que les semences qu'on leur confiera à la fin de l'hiver, ne seront pas exposées à se trouver dans le vuide & frappées de l'air. Par-tout où l'on aura pu retenir les eaux, on sera sûr d'en avoir, soit en tout tems, soit une partie du tems : on pourra arroser les semis avec l'écope.

Présentement, considérons les dépenses qu'exigeront les opérations que nous avons indiquées, & supposons que l'on veut entreprendre d'opérer suivant le plan, sur dix mille arpens, mesure de Paris, dans les contrées situées entre Coole, Sommepuis, Poivre, Semoine & Connantrai ; comme cette contrée à 14,400 toises de long, sur 3,000 de large, elle contient 43,200,000 toises carrées, qui font 46,000 arpens. D'après les principes que nous avons posés sur la nécessité d'avoir de puissans

conducteurs

conducteurs pour attirer les nuages & les pluies, il conviendroit d'opérer le tout ensemble ; mais, pour la commodité des calculs & des combinaisons, & l'économie des frais dans une tentative, ne supposons qu'un carré de mille perches, de 18 pieds de chaque côté, ce qui nous donnera neuf millions de toises carrées, ou dix mille arpens, mesure de Paris.

Il sera fait un fossé de ceinture de neuf pieds de large, quatre de profondeur, & quatre de largeur au fonds, toutes les terres jettées en dedans. Ces fossés peuvent se faire à 25 ou 30 f. la perche ; 4 mille perches à 30 sols font, pour le fossé de ceinture, 6000 liv.

Or suppose qu'outre ces fossés il y aura 600 toises de digue pour former des étangs & retenues d'eau qui ne seroient pas suffisamment arrêtées par les terres desdits fossés, à 3 liv. la toise, lesdites digues, 1800 liv.

Le même carré sera en outre coupé par neuf fossés parallèles à chacun des côtés, & s'entrecoupant perpendiculairement, ce qui formera cent carrés de chacun cent arpens. La diagonale sera dirigée du midi au nord ; ces fossés auront quatre pieds de large, & deux & demi de profondeur, les terres ou fouilles jettées de droit & de gauche arrangées en banquettes pour recevoir les semences, par-tout où l'on aura deux pieds de pente, il sera laissé un batardeau ; on répete ici ces directions & dispositions parce qu'elles sont importantes. Ces fossés coûteront plus ou moins, suivant la difficulté de la fouille ; en les

B

évaluant à 12 fols la perche, 18,000 perches coûteront 9900 liv.

Les femis de toute nature faits triples dans les contours, & fimples fur les deux bords des autres foffés, feront 36,000 perches de femis, qui, à 2 f. la perche, coûteroient 3600 liv. On ne parle pas des chemins, il eft évident qu'on fera obligé d'en laiffer, foit pour le fervice, foit pour les communications ; leur direction eft indiquée par leur deftination, mais ils n'empêcheront aucune des opérations que nous indiquons.

Mais ici comme en toute affaire économique, les foins, l'intelligence, le bon jugement qui apprécient toutes les circonftances, contribueront plus au fuccès, & à la diminution de la dépenfe de plantations & d'entretien, que tous les confeils.

Toutes ces dépenfes monteroient à 20,700 liv., & l'on aura 1°. une ou deux retenues d'eau ; 2°. 20 mille perches de foffés où toutes les eaux de pluies & de neiges s'arrêteront ; 3°. autant de baffins que de quarrés, c'eft-à-dire, cent baffins formés par la bordure des terres des fouillées, 4°. 36,000 perches de femis ou plantations, dont la perche courrante eft eftimée une perche quarrée dans les pays où ces bordures s'élevent en futaies.

On voit que toutes ces opérations ne tendent qu'à recueillir & contenir les eaux par toutes fortes de moyens ; c'eft notre grand objet, à remuer & mêlanger les terres crayeufes ou bancs de craye, de maniere à les expofer à l'action de l'air, des pluies & du foleil ; fi-tôt que ces agens les auront rendus friables, ces craies seront susceptibles de toutes les productions, même de la vigne ; plusieurs expériences faites avec succès ne laissent aucun doute à cet égard. Ce sera peut-être de toutes les plantes, celle qui réussira le mieux dans les parties crayeuses; c'est un terrein à peu près pareil qui porte la vigne blanche, de partie de l'Angoumois, du Poitou & de l'Aunis, qui fournit en abondance les eaux-de-vie qui enrichissent le pays par la vente à l'étranger. Au surplus, toutes les fois que la craie sera défoncée à une profondeur suffisante, réduite & divisée, elle produira tous les arbustes & arbrisseaux qu'on lui confiera, tel que le jonc-marin ou lande, qui fait de bonnes clôtures, un bon chauffage, & même étant pilé, une bonne nourriture en hiver pour les bestiaux; on le seme en grandes pieces pour ces objets. Le spart employé avec tant de succès à la corderie, & aux tapis, pourra aussi garnir les grands carrés qui se trouvent entre les fossés que vous avons prescrit; ces plantes se plaisent dans les lieux secs.

La révolution qui nous occupe, & fait nos espérances, va nous donner un moyen de plus de féconder les plaines arides; le droit de cours d'eau ne sera plus celui d'un tyran jaloux qui défend l'usage même de son superflu. Plusieurs rivieres & ruisseaux pourront fournir des arrosemens à ces plaines stériles, qui dès-lors cesseront de l'être. Une digue, une dérivation bien dirigée portera avec les eaux la fécondité, partout où elles pourront atteindre. Avec ce secours, le superbe peuplier élevera un jour sa tête orgueilleuse dans les plaines, où la plus humble graminée ne trouvoit pas de quoi végéter misérablement.

Si quelques moulins en souffrent, ils seront remplacés par les moulins à vent, par ceux agités par l'eau mise en vapeurs, comme les pompes à feu, moyen qui surpasse toutes les puissances connues. La mécanique, captive dans les lieux de la bannalité, prendra son effort, & enfantera des miracles, lorsqu'ils ne seront ni inutiles ni défendus. (*Voy. les notes à la fin.*)

On ne doit point craindre que ces dérivations perdent les rivieres & en privent les vallées où elles passent. 1°. Les pays qui les fournissent, abonderont de plus en plus en eau, si-tôt qu'ils seront couverts d'étangs & de végétaux, dès-lors ils alimenteront plus abondamment les sources. 2°. Les pluies y deviendront plus fréquentes, d'autant que tous les vents de pluie sont montans, pour le rendre sur ces plateaux, & que les vents montans sont toujours humides : ce n'est pas ici le lieu d'en expliquer la théorie. 3°. Enfin, les vallées pourront diminuer, par des retenues, la dépense des eaux qui leur resteront, jusqu'à ce qu'un nouvel ordre de choses leur fournisse l'abondance. Je n'ai parcouru qu'un canton pour l'application des principes que j'ai posés. Si nous passons à la vaste contrée qui se dirige au nord-ouest, depuis les frontieres du Barrois jusques près de Château-Porcien, nous la trouvons terminée au levant, & au nord, par la vallée de l'Aisne, plusieurs petites rivieres s'y rendent rapidement.

Les rivieres de Velle, de la Suippe & de la
Retourne, prennent leurs cours au couchant, &
quelques-unes à l'est de Chalons, se rendent à la
Marne dans la direction du sud-ouest. Cette contrée a donc aussi quatre pentes. On pourroit la
calculer sur 20 lieues de long & 6 à 7 de large.
Ici plus qu'ailleurs, il faut multiplier les retenues
d'eau, puisque les têtes des vallées y sont plus
multipliées. Les étangs auront moins d'étendue,
& les irrigations & les dérivations seront plus dif-
ficiles, mais en revanche toutes les collines sous
les différens aspects, sont plus propres au bois.
Les bois résineux, tel que le pin des Dunes, y
réussiroient très-bien. J'insiste sur cet arbre, parce
qu'il abonde en résine dont le Royaume à besoin,
qu'il coûte peu à semer, qu'il est robuste & s'ac-
commode des mauvais terreins; du reste, on em-
ployeroit les mêmes procédés que ceux indiqués
ci-devant.

Tout nous promet ici des succès certains;
quelques arbres échappés aux ravages des guerres
déposent de l'aptitude du sol à en produire d'une
belle espece; des restes d'habitations nous prouvent que l'homme y a trouvé une subsistance assu-
rée; quelques bouquets de bois semblent nous
reprocher la négligence de ce genre de culture,
& indiquent le choix des especes.

Si nous passons aux contrées qui sont à la
droite de l'Aube, nous y trouverons encore plus
de motifs d'espérance & de gages de succès;
plusieurs ruisseaux, quelques étangs, quelques
bouquets de bois, de vastes forêts, sur un sol
presque semblable à celui qu'il faut regarnir, des

vignes même, tout nous prouve que les contrées
vuides, mieux amenagées, ne feront point ingrates, & qu'elles n'attendent que la main éclai-
rée du citoyen qui n'aura pas été dépouillé par
la taille arbitraire, & par les cent mains avides du
régime fiscal. Ce fléau, égal à celui de la guerre,
à contribué comme celui-ci à dépeupler & à
ftérilifer toutes ces contrées, qui autrefois peu-
plées, fourniffoient à leurs habitans les reffources
néceffaires à la vie. Les guerres ont confom-
mé les peuples, comme le feu confume le ro-
feau ; les prohibitions fifcales ont engendré la
contrebande, le malheur & la mort. La terre n'a
plus été qu'un tombeau pour les malheureux,
au lieu d'en être la nourrice; au lieu de la pompe
de l'abondance, elle s'eft couverte du deuil de la
ftérilité, lorfque fes enfans n'y étoient plus pour
jouir de fes bienfaits, & en folliciter de nouveaux.
Les furvivans ont été entraînés dans les erreurs des
émigrations, & font allés chercher une patrie
nouvelle, une nouveau monde; d'autres fe font
fondus dans les villes à la fuite du luxe & des
abus de toute efpece. L'Académie de Châlons a
déjà vu ces maux; elle a décerné fa couronne au
citoyen qui en a démontré les caufes & indiqué
les moyens d'y remédier.

Une nouvelle conftitution rendra chere fa patrie
à tout citoyen ; il n'y aura que des places & des
fonctions néceffaires, & de moyens de faire fortune,
qu'en fe rendant utile à la fociété. L'Agriculture
fera donc le premier des arts; les terres les moins
productives recevront des foins heureux, & alors
l'induftrieux cultivateur qui ne fera plus mis fous

la preſſe fiſcale, recueillera le fruit de ſes travaux
en contribuant modérément au frais de ſa pro-
tection.

Je crois avoir rempli la tâche que je m'étois
impoſée ; une nomenclature de tous les arbuſtes
qui bravent l'aridité, laiſſeroit ſubſiſter cette ſé-
chereſſe qui ſe refuſe à toute végétation. Si-tôt
que vous aurez ſaiſi l'élément de toute vie, &
toute végétation, toute vie & toute végétation
ſera à votre pouvoir; vous aurez établi un con-
ducteur qui vous fera participer aux pluies & aux
roſées bienfaiſantes; le ciel vous regardera d'un
œil favorable; ſes feux, mêlés avec les douces
évaporations des eaux, animeront & créeront
une nouvelle nature ; ces hâles du nord & du
midi, qui flétriſſoient & dévoroient juſqu'aux élé-
mens de la vie, contenus par la puiſſance inviſi-
ble des vapeurs végétales & de l'eau, par la direction des foſſés, l'abri des plantations combi-
nées avec ces moyens, deviendront des agens
de la vie végétale. Vous n'aurez plus à rechercher
ni à choiſir les plantes & les ſemences. Toutes ſe
diſputeront l'honneur de parer cette nouvelle terre,
& de récompenſer votre induſtrie & vos travaux;
ce n'eſt pas le ſeul avantage que vous en retire-
rez: dans les pays arides & incultes, l'air eſt très-
mal ſain, parce que les émanations des différens
végétaux ſemblent néceſſaires pour lui donner de
la ſalubrité, & vous l'obtiendrez par les plantations. Les débris des animaux & des végétaux
formeront ſucceſſivement une couche de terre
végétale qui aſſurera à ces ingrates contrées une

fécondité qui fera oublier la stérilité que nous avons aujourd'hui à combattre.

*Nullus ager sine profectu colitur,*
*Nisi cum experimentorum varietas emittenda est*
*. . . . Quoniam nec laborem, nec fructum frustratur,*
*Effectus. . . . . .*

COLUMELLE.

## NOTES.

On a recommandé le sureau & même l'hyeble, parce que les baies peuvent être employées à la teinture. Cette découverte & les procédés pour la fixer, sont dus a mon frere, médecin à Etampes, qui ne tardera pas à les publier.

MM. Durand, Serruriers à Paris, ont complettement justifié ce que j'avois annoncé page 20, sur la mécanique des moulins. Ils en ont construit à manege & à bras, très-simples, très-expéditifs, point chers, de peu d'entretien, qui peuvent se placer par-tout & remplacer les moulins à eau & à vent, occuper les aveugles, les soldats, les prisonniers, les mendiaus & qui peuvent travailler en toute saison, la sécheresse, les inondations ne peuvent en arrêter le service.

www.ingramcontent.com/pod-product-compliance
Lightning Source LLC
Chambersburg PA
CBHW070217200326
41520CB00018B/5676